幼稚園數學
看圖學加減法④

何秋光　著

新雅文化事業有限公司
www.sunya.com.hk

系列簡介

　　本系列是何秋光從業 40 餘年教學成果的結晶，是專為 4 至 6 歲兒童研發的一套以加減法為切入點的數學遊戲益智類圖書。為了激發兒童對學習數學加減運算的興趣，本系列圖書從他們熟悉和喜歡的生活，以及小動物之間的情景出發，來表述數量之間的關係。這種賦加減數量於情景之中的應用題，可以喚起他們頭腦中有關加減情景的表象，符合學前兒童思維具體形象性的特點。

　　本系列把抽象的數位和符號具體化、形象化、兒童化、遊戲化，有益於兒童加深對數學概念的理解，提高其觀察力、判斷能力、推理能力、記憶力、空間知覺、概括能力、想像力、創造力等 8 大能力，同時也能為將來小學數學的學習打下堅實的基礎。

作者簡介

　　何秋光是中國著名幼兒數學教育專家、「兒童數學思維訓練」課程的創始人，北京師範大學實驗幼稚園專家。從業 40 餘年，是中國具豐富的兒童數學教學實踐經驗的學前教育專家。自 2000 年至今，由何秋光在北京師範大學實驗幼稚園創立的數學特色課「兒童數學思維訓練」一直深受廣大兒童、家長及學前教育工作者的喜愛。

四冊學習大綱

冊次 / 學習範疇	幼稚園數學 看圖學加減法 1 （4-5歲）	幼稚園數學 看圖學加減法 2 （4-5歲）
比較	• 多少、長短、高矮和次序的比較	—
加法運算	• 5以內加法運算 • 10以內加法運算	• 10以內連加運算
減法運算	• 5以內減法運算 • 10以內減法運算	• 10以內連減運算
加減法運算	• 5以內加減法運算 • 10以內加減法運算	• 10以內加減混合運算

冊次 / 學習範疇	幼稚園數學 看圖學加減法 3 （5-6歲）	幼稚園數學 看圖學加減法 4 （5-6歲）
比較	—	—
加法運算	• 看圖學20以內加法運算	• 看圖學20以內連加運算
減法運算	• 看圖學20以內減法運算	• 看圖學20以內連減運算
加減法運算	• 看圖學20以內加減法運算	• 看圖學20以內加減混合運算

目錄

▶ 請你看圖玩遊戲，在相應的格子裏寫出連加算式。

□ ○ □ ○ □ = □ 隻

▶ 請你看圖玩遊戲，在相應的格子裏寫出連加算式。

□○□○□=□隻

▶ 請你看圖玩遊戲，在相應的格子裏寫出連加算式。

□○□○□＝□ 隻

▶ 請你看圖玩遊戲，在相應的格子裏寫出連加算式。

□ ○ □ ○ □ ＝ □ 隻

▶ 請你看圖玩遊戲，在相應的格子裏寫出連加算式。

$\square$ ◯ $\square$ ◯ $\square$ = $\square$ 隻

▶ 請你看圖玩遊戲，在相應的格子裏寫出連加算式。

□○○□○□=□隻

▶ **請你看圖玩遊戲，在相應的格子裏寫出連加算式。**

▶ 請你看圖玩遊戲，在相應的格子裏寫出連加算式。

☐ ○ ☐ ○ ☐ = ☐ 隻

▶ **請你看圖玩遊戲，在相應的格子裏寫出連加算式。**

□○□□○□=□ 隻

▶ 請你看圖玩遊戲，在相應的格子裏寫出連加算式。

☐ ◯ ☐ ◯ ☐ = ☐ 隻

▶ 請你看圖玩遊戲,在相應的格子裏寫出3道連加算式。

方法一 □ ○ □ ○ □ = □ 隻

方法二 □ ○ □ ○ □ = □ 隻

方法三 □ ○ □ ○ □ = □ 隻

▶ 請你看圖玩遊戲，在相應的格子裏寫出3道連加算式。

方法一 □ ○ □ ○ □ = □ 隻

方法二 □ ○ □ ○ □ = □ 隻

方法三 □ ○ □ ○ □ = □ 隻

▶ 請你看圖玩遊戲，在相應的格子裏寫出3道連加算式。

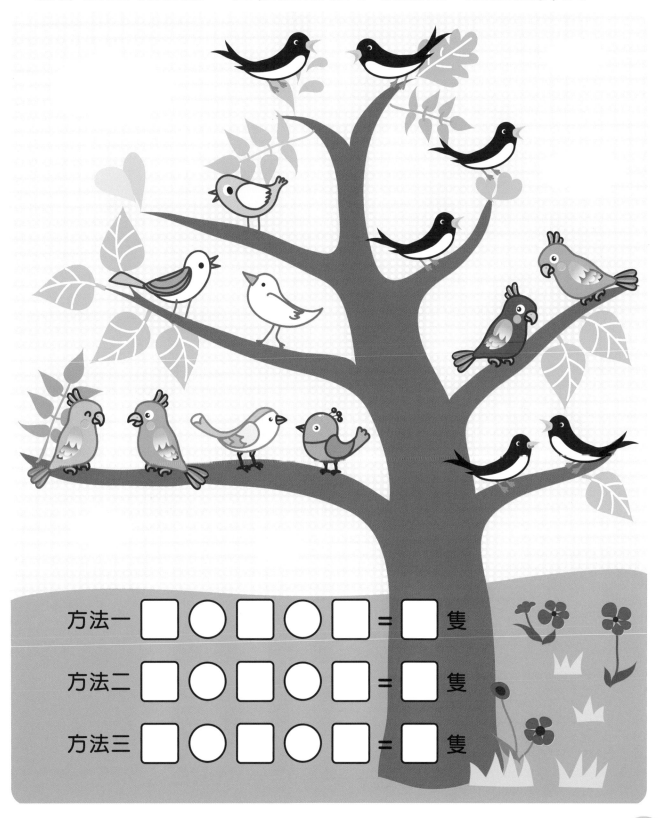

方法一 ☐ ◯ ☐ ◯ ☐ = ☐ 隻

方法二 ☐ ◯ ☐ ◯ ☐ = ☐ 隻

方法三 ☐ ◯ ☐ ◯ ☐ = ☐ 隻

▶ 請你看圖玩遊戲，在相應的格子裏寫出3道連加算式。

方法一 □ ○ □ ○ □ = □ 隻

方法二 □ ○ □ ○ □ = □ 隻

方法三 □ ○ □ ○ □ = □ 隻

▶ 請你看圖玩遊戲，在相應的格子裏寫出3道連加算式。

方法一 ⬜ ◯ ⬜ ◯ ⬜ = ⬜ 條

方法二 ⬜ ◯ ⬜ ◯ ⬜ = ⬜ 條

方法三 ⬜ ◯ ⬜ ◯ ⬜ = ⬜ 條

► 請你看圖玩遊戲，在相應的格子裏寫出3道連加算式。

方法一 ☐ ○ ☐ ○ ☐ = ☐ 個

方法二 ☐ ○ ☐ ○ ☐ = ☐ 個

方法三 ☐ ○ ☐ ○ ☐ = ☐ 個

▶ **請你看圖玩遊戲，在相應的格子裏寫出3道連加算式。**

方法一 □ ○ □ ○ □ = □ 個

方法二 □ ○ □ ○ □ = □ 個

方法三 □ ○ □ ○ □ = □ 個

▶ 請你看圖玩遊戲，在相應的格子裏寫出3道連加算式。

方法一 　☐ ◯ ☐ ◯ ☐ ＝ ☐ 隻

方法二 　☐ ◯ ☐ ◯ ☐ ＝ ☐ 隻

方法三 　☐ ◯ ☐ ◯ ☐ ＝ ☐ 隻

▶ 請你看圖玩遊戲，在相應的格子裏寫出3道連加算式。

方法一 ☐ ○ ☐ ○ ☐ = ☐ 隻

方法二 ☐ ○ ☐ ○ ☐ = ☐ 隻

方法三 ☐ ○ ☐ ○ ☐ = ☐ 隻

▶ 請你看圖玩遊戲，在相應的格子裏寫出3道連加算式。

方法一 ☐ ○ ☐ ○ ☐ = ☐ 隻

方法二 ☐ ○ ☐ ○ ☐ = ☐ 隻

方法三 ☐ ○ ☐ ○ ☐ = ☐ 隻

▶ **請你看圖繪畫，並在相應的格子裏寫出算式。**

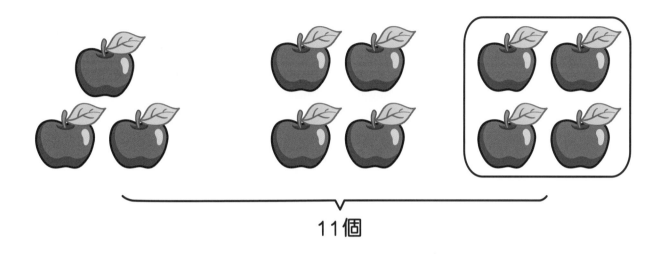

11個

$$3 \; + \; 4 \; + \; 4 \; = \; 11 \; 個$$

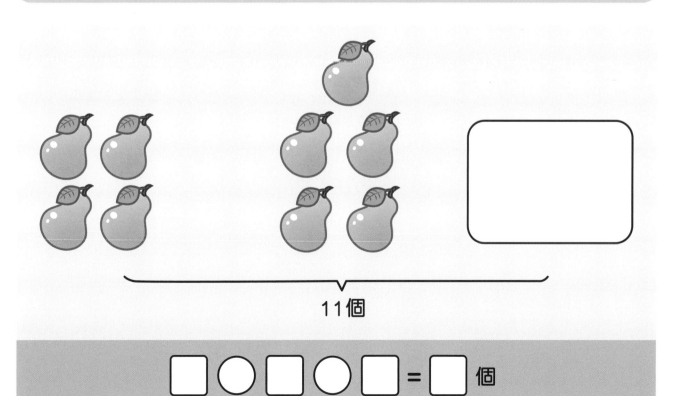

11個

□ ○ □ ○ □ = □ 個

▶ **請你看圖繪畫，並在相應的格子裏寫出算式。**

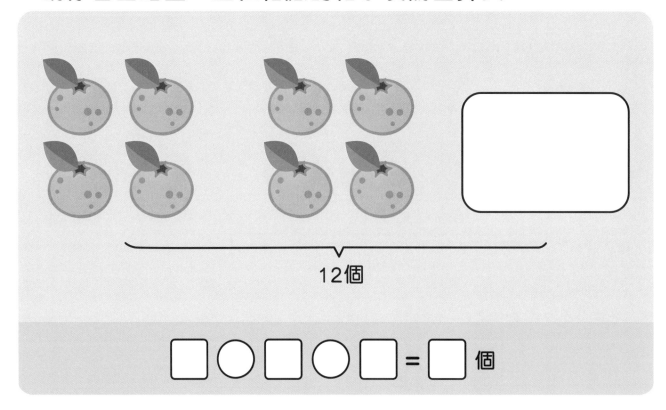

12個

☐ ○ ☐ ○ ☐ = ☐ 個

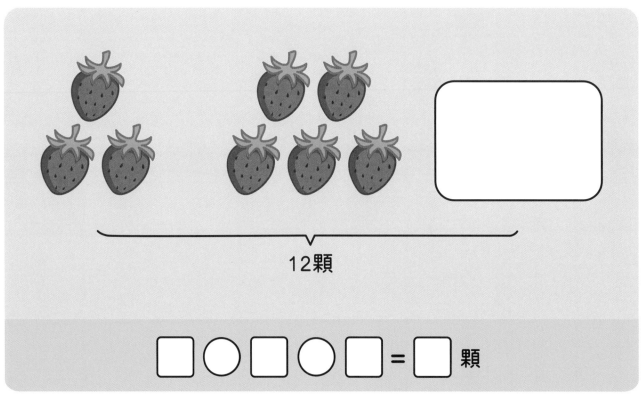

12顆

☐ ○ ☐ ○ ☐ = ☐ 顆

► **請你看圖繪畫，並在相應的格子裏寫出算式。**

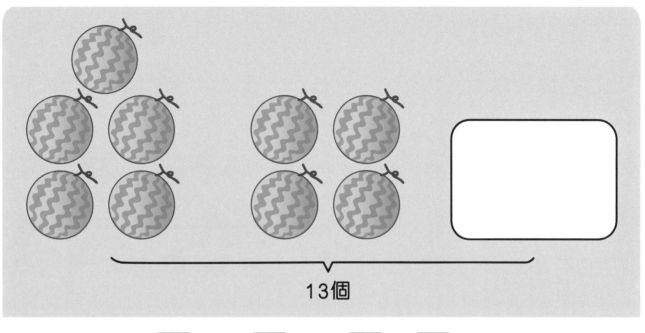

13個

□○□○□＝□個

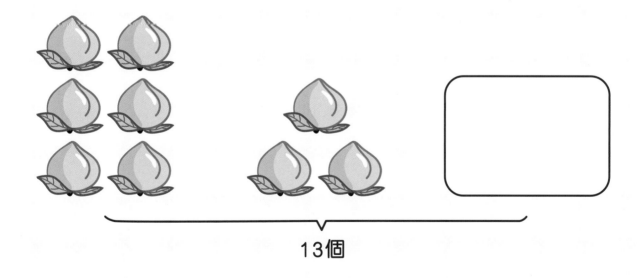

13個

□○□○□＝□個

▶ **請你看圖繪畫，並在相應的格子裏寫出算式。**

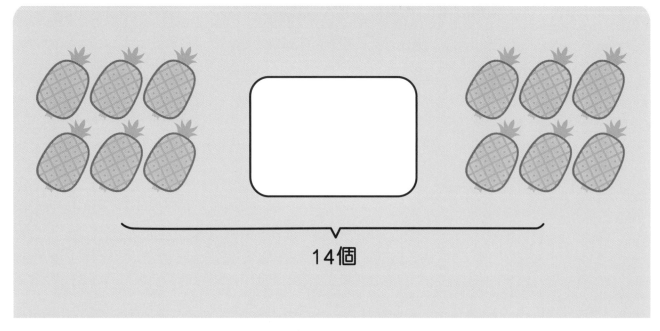

14個

☐○☐○☐ = ☐ 個

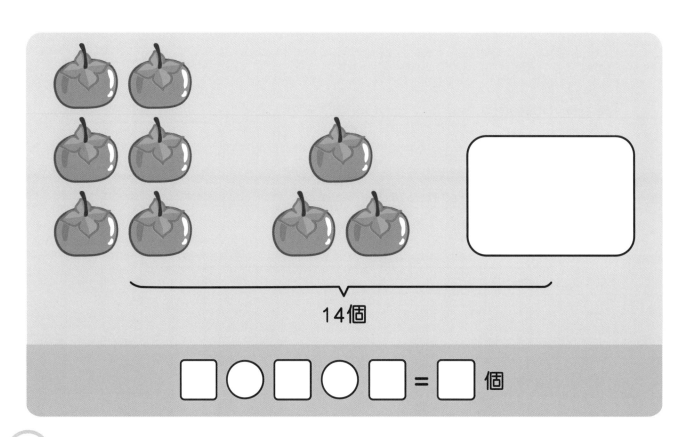

14個

☐○☐○☐ = ☐ 個

▶ 請你看圖繪畫，並在相應的格子裏寫出算式。

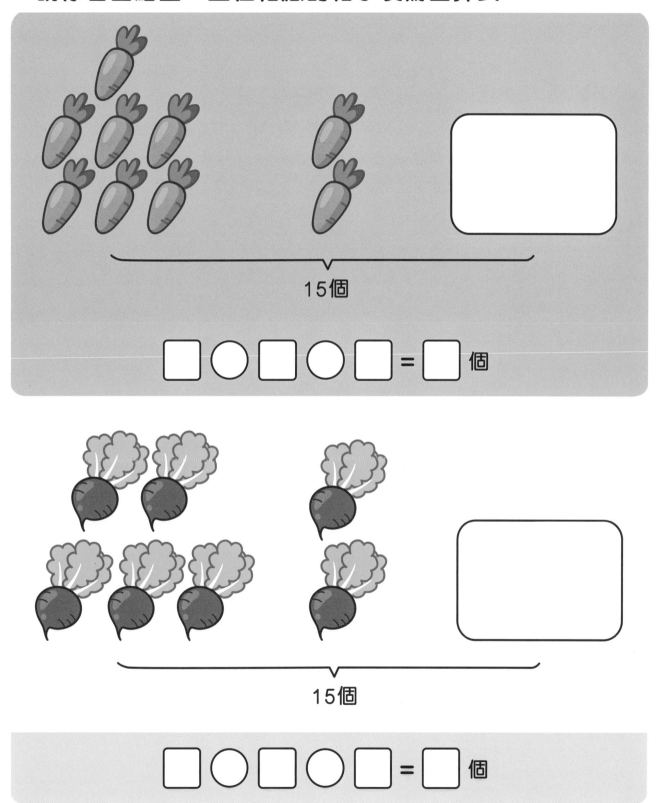

15個

□ ○ □ ○ □ ＝ □ 個

15個

□ ○ □ ○ □ ＝ □ 個

▶ 請你看圖填寫數字，並在相應的格子裏寫出算式。

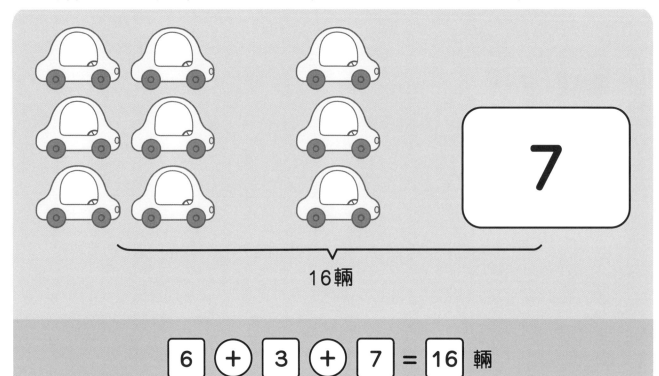

7

16輛

6 + 3 + 7 = 16 輛

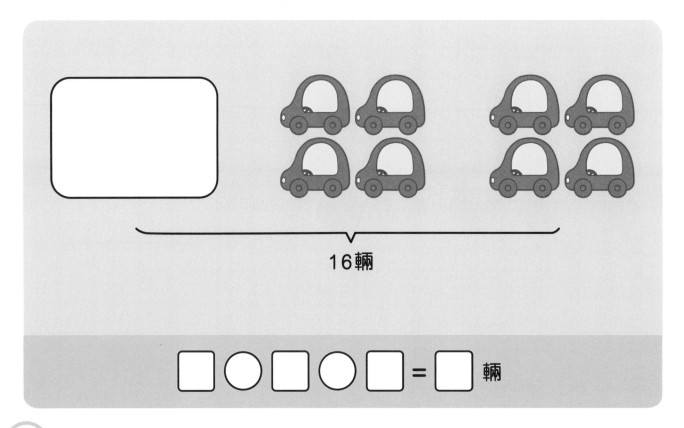

16輛

□ ○ □ ○ □ = □ 輛

▶ 請你看圖填寫數字，並在相應的格子裏寫出算式。

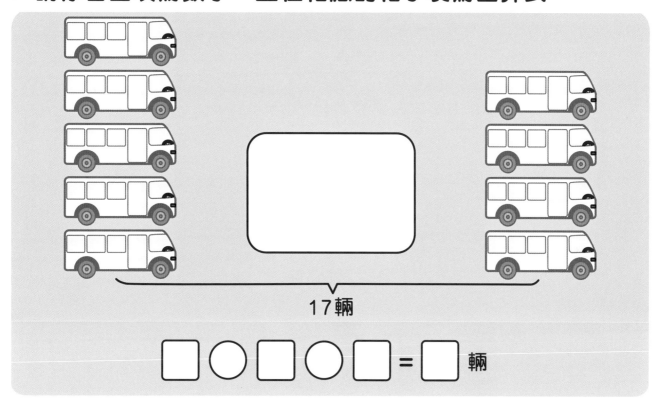

17輛

□ ○ □ ○ □ = □ 輛

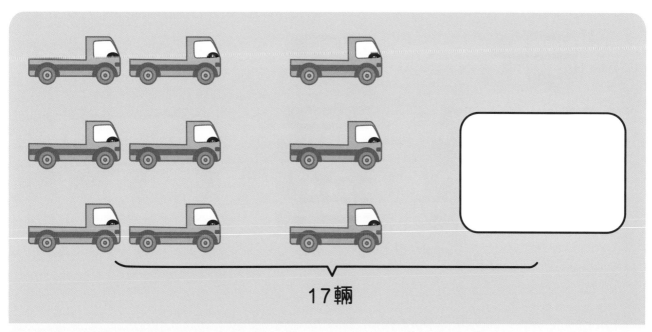

17輛

□ ○ □ ○ □ = □ 輛

▶ 請你看圖填寫數字，並在相應的格子裏寫出算式。

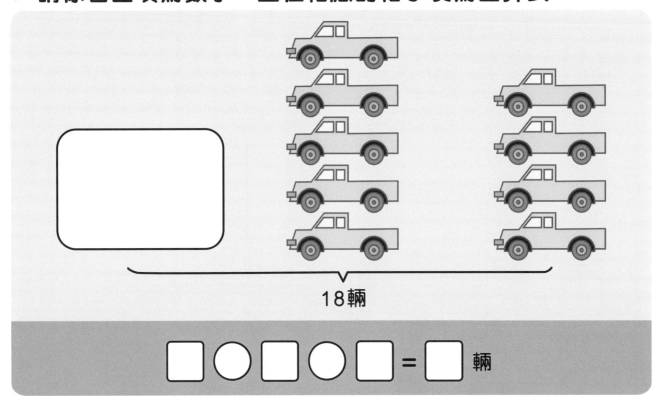

18輛

⬚ ◯ ⬚ ◯ ⬚ = ⬚ 輛

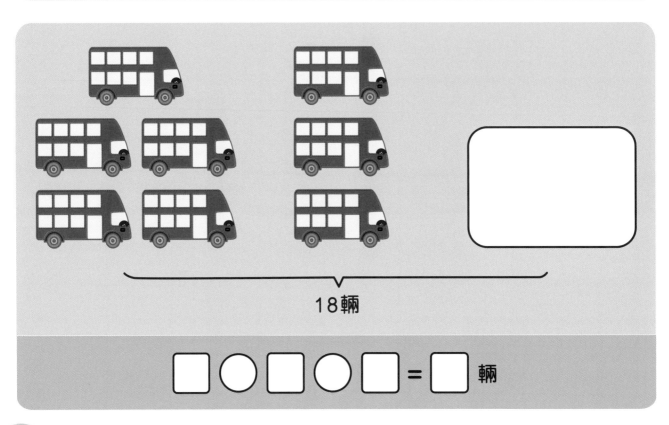

18輛

⬚ ◯ ⬚ ◯ ⬚ = ⬚ 輛

► 請你看圖填寫數字，並在相應的格子裏寫出算式。

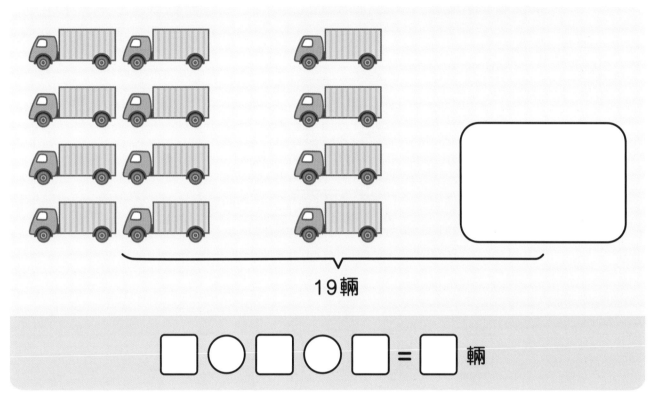

19輛

$\boxed{}\bigcirc\boxed{}\bigcirc\boxed{}=\boxed{}$ 輛

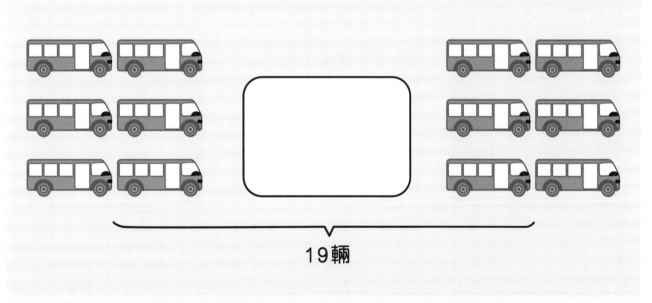

19輛

$\boxed{}\bigcirc\boxed{}\bigcirc\boxed{}=\boxed{}$ 輛

▶ 請你看圖填寫數字，並在相應的格子裏寫出算式。

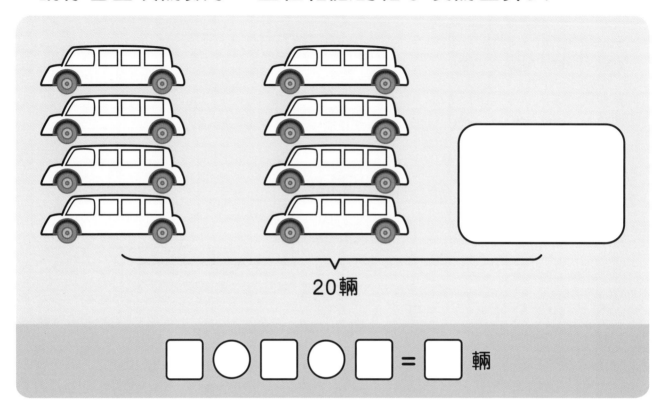

20輛

□ ○ □ ○ □ = □ 輛

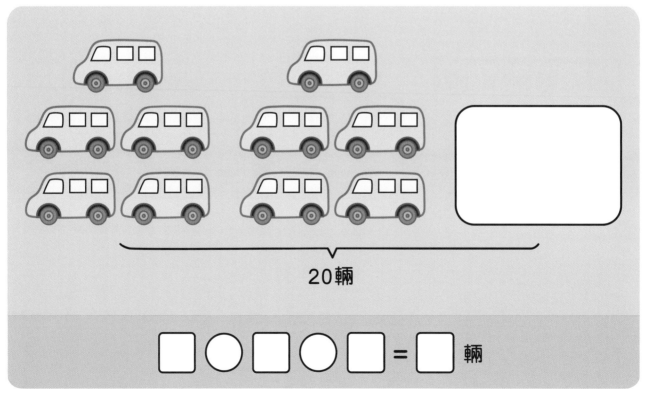

20輛

□ ○ □ ○ □ = □ 輛

▶ **請你按照下面的要求回答問題，並在相應的格子裏寫出算式。**

▶ **請你按照下面的要求回答問題，並在相應的格子裏寫出算式。**

牠們一共抓了幾條小蟲子？

□ ○ □ ○ □ = □ 條

▶ 請你按照下面的要求回答問題,並在相應的格子裏寫出算式。

牠們一共釣到幾條小魚?

□ ○ □ ○ □ = □ 條

▶ 請你按照下面的要求回答問題，並在相應的格子裏寫出算式。

▶ **請你按照下面的要求回答問題，並在相應的格子裏寫出算式。**

牠們一共摘了幾筐桃子？

☐ ◯ ☐ ◯ ☐ ＝ ☐ 筐

▶ 請你按照下面的要求回答問題，並在相應的格子裏寫出算式。

牠們一共吃了幾塊蛋糕？

□ ○ □ ○ □ = □ 塊

▶ **請你按照下面的要求回答問題，並在相應的格子裏寫出算式。**

牠們一共抓了幾隻害蟲？

□ ○ □ ○ □ ＝ □ 隻

▶ **請你按照下面的要求回答問題，並在相應的格子裏寫出算式。**

牠們一共吃了幾個蘋果？

$\square \bigcirc \square \bigcirc \square = \square$ 個

▶ 請你按照下面的要求回答問題，並在相應的格子裏寫出算式。

牠們一共摘了幾個西瓜？

□ ○ □ ○ □ = □ 個

▶ **請你按照下面的要求回答問題,並在相應的格子裏寫出算式。**

我抓了6隻小老鼠。

我抓了5隻小老鼠。

我抓了8隻小老鼠。

牠們一共抓了幾隻小老鼠?

▢ ◯ ▢ ◯ ▢ = ▢ 隻

▶ 請你看圖玩遊戲，在相應的格子裏寫出連減算式。

11

□○□○□=□個

▶ 請你看圖玩遊戲，在相應的格子裏寫出連減算式。

12

□○□○□=□ 隻

▶ 請你看圖玩遊戲，在相應的格子裏寫出連減算式。

$$\square \bigcirc \square \bigcirc \square = \square \text{ 根}$$

▶ 請你看圖玩遊戲，在相應的格子裏寫出連減算式。

□○□○□=□ 個

▶ 請你看圖玩遊戲，在相應的格子裏寫出連減算式。

□ ○ □ ○ □ = □ 個

▶ 請你看圖玩遊戲，在相應的格子裏寫出連減算式。

□ ○ □ ○ □ = □ 根

▶ **請你看圖玩遊戲，在相應的格子裏寫出連減算式。**

$$\boxed{}\bigcirc\boxed{}\bigcirc\boxed{}=\boxed{}\text{隻}$$

▶ 請你看圖玩遊戲，在相應的格子裏寫出連減算式。

▶ **請你看圖玩遊戲，在相應的格子裏寫出連減算式。**

☐ ◯ ☐ ◯ ☐ = ☐ 個

▶ 請你看圖玩遊戲，在相應的格子裏寫出連減算式。

☐ ○ ☐ ○ ☐ = ☐ 個

► **請你看圖玩遊戲，在相應的格子裏寫出連減算式。**

□ ○ □ ○ □ = □ 元

▶ 請你看圖玩遊戲，在相應的格子裏寫出連減算式。

□ ○ □ ○ □ = □ 枝

▶ 請你看圖玩遊戲，在相應的格子裏寫出連減算式。

▶ 請你看圖玩遊戲，在相應的格子裏寫出連減算式。

☐ ○ ☐ ○ ☐ = ☐ 個

▶ 請你看圖玩遊戲，在相應的格子裏寫出連減算式。

□○□○□＝□ 隻

▶ 請你看圖玩遊戲，在相應的格子裏寫出連減算式。

☐ ◯ ☐ ◯ ☐ = ☐ 隻

▶ **請你看圖玩遊戲，在相應的格子裏寫出連減算式。**

20

□ ○ □ ○ □ ＝ □ 個

▶ 請你看圖玩遊戲，在相應的格子裏寫出連減算式。

□ ○ □ ○ □ ＝ □ 條

▶ **請你看圖玩遊戲,在相應的格子裏寫出連減算式。**

▶ 請你看圖玩遊戲，在相應的格子裏寫出連減算式。

□ ○ □ ○ □ = □ 串

▶ **請你看圖算一算，並在相應的格子裏寫出算式。**

共有	第一天吃	第二天吃	還剩
🐼 11	2	3	6
🐰 12	3	4	
🐵 13	4	5	

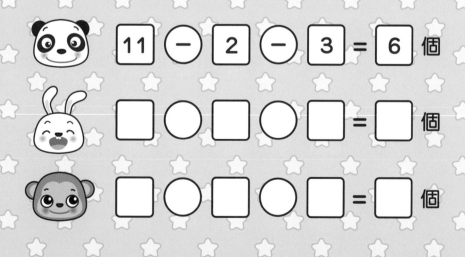

▶ 請你看圖玩遊戲，在相應的格子裏寫出連減算式。

共有	第一天吃	第二天吃	還剩
🐷 ⑭	2	3	
🐻 ⑮	3	4	
🐘 ⑯	4	5	

🐷 ☐ ◯ ☐ ◯ ☐ = ☐ 個

🐻 ☐ ◯ ☐ ◯ ☐ = ☐ 個

🐘 ☐ ◯ ☐ ◯ ☐ = ☐ 個

▶ **請你看圖算一算。**

原有魚的數量	17	17	17	17	17
第一次吃的數量	9	8	7	6	5
第二次吃的數量	5	6	7	8	9
剩下的數量					

▶ **請你看圖算一算。**

原有西瓜的數量	18	18	18	18	18
第一次摘的數量	3	4	5	6	7
第二次摘的數量	7	6	5	4	3
剩下的數量					

► 請你看圖算一算。

原有蘿蔔的數量	19	19	19	19	19
上午拔的數量	4	5	6	7	8
下午拔的數量	8	7	6	5	4
剩下的數量					

▶請你看圖算一算。

原有椰子的數量	20	20	20	20	20
第一天摘的數量	6	7	8	9	10
第二天摘的數量	10	9	8	7	6
剩下的數量					

▶ 請你按照下面的要求回答問題，並在相應的格子裏寫出算式。

11隻  在河裏玩，走了4隻，又來5隻，現在有多少隻鴨子？

方法一 　11　－　4　＋　5　＝　12　隻

方法二 　□　○　□　○　□　＝　□　隻

▶ **請你按照下面的要求回答問題，並在相應的格子裏寫出算式。**

原來有12棵 ， 吃了 6 棵 ， 又買回 5 棵 ，現在有多少棵 ？

方法一 □ ○ □ ○ □ = □ 棵

方法二 □ ○ □ ○ □ = □ 棵

▶ 請你按照下面的要求回答問題，並在相應的格子裏寫出算式。

運來了13筐 🧺，🐴 運來了 4 筐，牠們送給 🐮 3 筐，還剩多少筐 🧺？

方法一 ▢ ◯ ▢ ◯ ▢ = ▢ 筐

方法二 ▢ ◯ ▢ ◯ ▢ = ▢ 筐

▶ 請你按照下面的要求回答問題，並在相應的格子裏寫出算式。

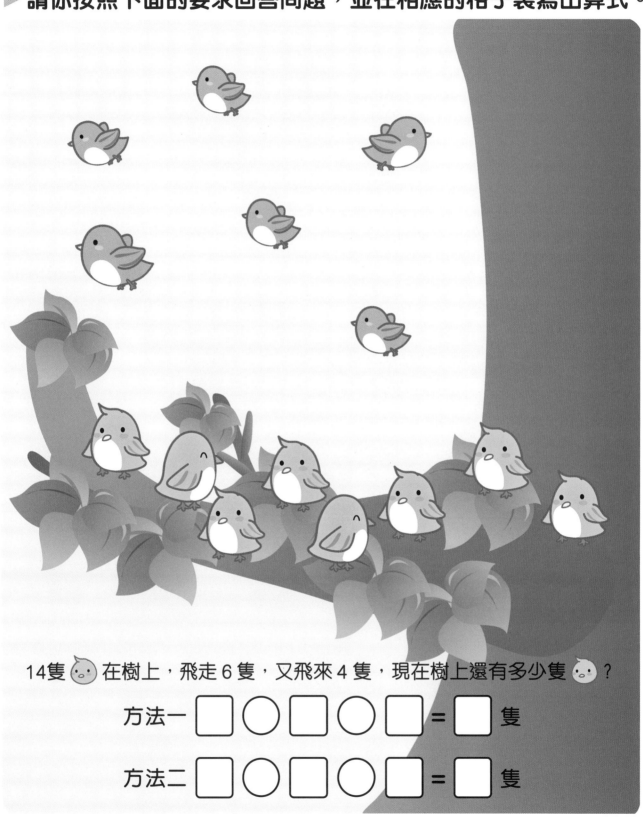

14隻 🐦 在樹上，飛走 6 隻，又飛來 4 隻，現在樹上還有多少隻 🐦 ？

方法一 ☐ ◯ ☐ ◯ ☐ = ☐ 隻

方法二 ☐ ◯ ☐ ◯ ☐ = ☐ 隻

▶ 請你按照下面的要求回答問題,並在相應的格子裏寫出算式。

河裏原來有15條 🐟 ,游過來 3 條,又游走了 8 條,還剩多少條 🐟 ?

方法一 □ ○ □ ○ □ = □ 條

方法二 □ ○ □ ○ □ = □ 條

▶ 請你按照下面的要求回答問題，並在相應的格子裏寫出算式。

有16個 ，吃了 5 個， 給了牠 3 個， 現在有多少個 ？

方法一 □ ○ □ ○ □ ＝ □ 個

方法二 □ ○ □ ○ □ ＝ □ 個

▶ 請你按照下面的要求回答問題，並在相應的格子裏寫出算式。

有17塊 🍮，吃了5塊，🐷 又送來4塊，現在有多少塊 🍮 ？

方法一 □ ○ □ ○ □ ＝ □ 塊

方法二 □ ○ □ ○ □ ＝ □ 塊

▶ **請你按照下面的要求回答問題，並在相應的格子裏寫出算式。**

有18條，吃了6條，吃了7條，還剩多少條？

方法一 □ ○ □ ○ □ = □ 條

方法二 □ ○ □ ○ □ = □ 條

▶ 請你按照下面的要求回答問題，並在相應的格子裏寫出算式。

葡萄藤上有19串，上午摘了5串，下午摘了6串，還剩多少串？

方法一 [　] ○ [　] ○ [　] = [　] 串

方法二 [　] ○ [　] ○ [　] = [　] 串

▶ **請你按照下面的要求回答問題，並在相應的格子裏寫出算式。**

荷葉上有20隻 🐸，跳進水裏 8 隻，又跳上來 5 隻，荷葉上現在有多少隻 🐸？

方法一 □○□○□＝□ 隻

方法二 □○□○□＝□ 隻

答案

練習1
6 + 4 + 2 = 12隻

練習2
7 + 4 + 3 = 14隻

練習3
4 + 3 + 4 = 11隻

練習4
4 + 5 + 5 = 14隻

練習5
2 + 5 + 4 = 11隻

練習6
4 + 4 + 4 = 12隻

練習7
6 + 6 + 3 = 15隻

練習8
4 + 4 + 5 = 13隻

練習9
4 + 3 + 5 = 12隻

練習10
5 + 4 + 6 = 15隻

練習11
方法一 4 + 5 + 6 = 15隻
方法二 5 + 6 + 4 = 15隻
方法三 6 + 4 + 5 = 15隻

練習12
方法一 4 + 5 + 5 = 14隻
方法二 5 + 5 + 4 = 14隻
方法三 5 + 4 + 5 = 14隻

練習13
方法一 4 + 5 + 6 = 15隻
方法二 5 + 6 + 4 = 15隻
方法三 6 + 4 + 5 = 15隻

練習14
方法一 4 + 6 + 7 = 17隻
方法二 6 + 7 + 4 = 17隻
方法三 7 + 4 + 6 = 17隻

練習15
方法一 5 + 6 + 7 = 18條
方法二 6 + 7 + 5 = 18條
方法三 7 + 5 + 6 = 18條

練習16
方法一 5 + 7 + 8 = 20個
方法二 7 + 8 + 5 = 20個
方法三 8 + 5 + 7 = 20個

練習17
方法一 4 + 6 + 8 = 18個
方法二 6 + 8 + 4 = 18個
方法三 8 + 4 + 6 =18個

練習18
方法一 4 + 6 + 7 = 17隻
方法二 6 + 7 + 4 = 17隻
方法三 7 + 4 + 6 = 17隻

練習19
方法一 5 + 6 + 6 = 17隻
方法二 6 + 6 + 5 = 17隻
方法三 6 + 5 + 6 = 17隻

練習20
方法一 5 + 7 + 8 = 20隻
方法二 7 + 8 + 5 = 20隻
方法三 8 + 5 + 7 = 20隻

練習21
第2題：

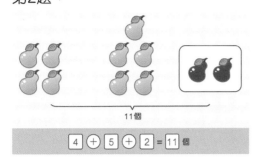

11個

$4 + 5 + 2 = 11$ 個

練習22

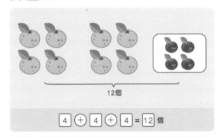

12個

$4 + 4 + 4 = 12$ 個

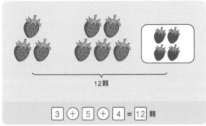

12顆

$3 + 5 + 4 = 12$ 顆

練習23

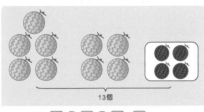

13個

$5 + 4 + 4 = 13$ 個

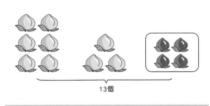

13個

$6 + 3 + 4 = 13$ 個

練習24

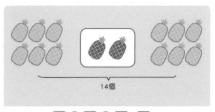

14個

$6 + 2 + 6 = 14$ 個

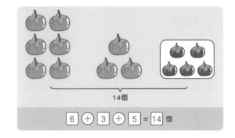

14個

$6 + 3 + 5 = 14$ 個

練習25

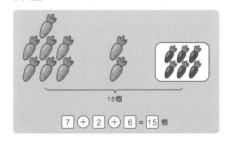

15個

$7 + 2 + 6 = 15$ 個

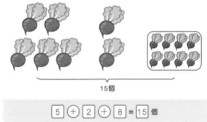

15個

$5 + 2 + 8 = 15$ 個

練習26
第2題：

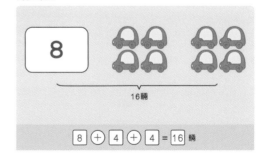

16輛

$8 + 4 + 4 = 16$ 輛

練習27

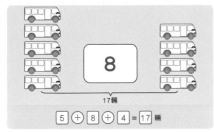

17輛

5 ⊕ 8 ⊕ 4 = 17 輛

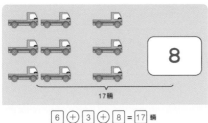

17輛

6 ⊕ 3 ⊕ 8 = 17 輛

練習28

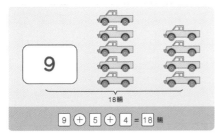

18輛

9 ⊕ 5 ⊕ 4 = 18 輛

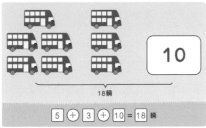

18輛

5 ⊕ 3 ⊕ 10 = 18 輛

練習29

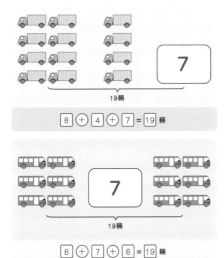

19輛

8 ⊕ 4 ⊕ 7 = 19 輛

19輛

6 ⊕ 7 ⊕ 6 = 19 輛

練習30

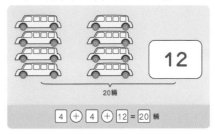

20輛

4 ⊕ 4 ⊕ 12 = 20 輛

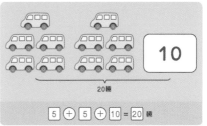

20輛

5 ⊕ 5 ⊕ 10 = 20 輛

練習31
3 + 4 + 5 = 12個

練習32
4 + 6 + 5 = 15條

練習33
4 + 4 + 5 = 13條

練習34
6 + 5 + 3 = 14個

練習35
2 + 4 + 5 = 11筐

練習36
4 + 4 + 4 = 12塊

練習37
5 + 3 + 8 = 16隻

練習38
6 + 6 + 6 = 18個

練習39
5 + 6 + 8 = 19個

練習40

6 + 5 + 8 = 19隻

練習41

11 - 2 - 2 = 7個

練習42

12 - 4 - 3 = 5隻

練習43

13 - 1 - 3 = 9根

練習44

12 - 2 - 2 = 8個

練習45

14 - 4 - 5 = 5個

練習46

16 - 5 - 4 = 7根

練習47

17 - 6 - 6 = 5隻

練習48

18 - 5 - 4 = 9個

練習49

19 - 6 - 4 = 9個

練習50

20 - 5 - 8 = 7個

練習51

15 - 5 - 8 = 2元

練習52

12 - 3 - 2 = 7枝

練習53

14 - 6 - 5 = 3元

練習54

13 - 4 - 4 = 5個

練習55

16 - 5 - 6 = 5隻

練習56

17 - 8 - 5 = 4隻

練習57

20 - 5 - 6 = 9個

練習58

17 - 7 - 7 = 3條

練習59

20 - 7 - 6 = 7個

練習60

16 - 5 - 4 = 7串

練習61

共有	第一天吃	第二天吃	還剩
🐼🎋	2	3	6
🐰🥕	3	4	5
🐵🍌	4	5	4

🐼 11 − 2 − 3 = 6個

🐰 12 − 3 − 4 = 5個

🐵 13 − 4 − 5 = 4個

練習62

共有	第一天吃	第二天吃	還剩
🐷🍐⑭	2	3	9
🐻🍆⑮	3	4	8
🐶🎃⑯	4	5	7

🐷 ⑭ − ② − ③ = ⑨ 個

🐻 ⑮ − ③ − ④ = ⑧ 個

🐶 ⑯ − ④ − ⑤ = ⑦ 個

練習63

原有魚 的數量	17	17	17	17	17
第一次 吃的數量	9	8	7	6	5
第二次 吃的數量	5	6	7	8	9
剩下 的數量	3	3	3	3	3

練習64

原有西瓜 的數量	18	18	18	18	18
第一次 摘的數量	3	4	5	6	7
第二次 摘的數量	7	6	5	4	3
剩下 的數量	8	8	8	8	8

練習65

原有蘿蔔 的數量	19	19	19	19	19
上午拔 的數量	4	5	6	7	8
下午拔 的數量	8	7	6	5	4
剩下 的數量	7	7	7	7	7

練習66

原有椰子 的數量	20	20	20	20	20
第一天 摘的數量	6	7	8	9	10
第二天 摘的數量	10	9	8	7	6
剩下 的數量	4	4	4	4	4

練習67

方法二 11 + 5 - 4 = 12 隻

練習68

方法一 12 - 6 + 5 = 11 棵

方法二 12 + 5 - 6 = 11 棵

練習69

方法一 13 + 4 - 3 = 14 筐

方法二 13 - 3 + 4 = 14 筐

練習70
方法一 14 - 6 + 4 = 12隻
方法二 14 + 4 - 6 = 12隻

練習71
方法一 15 + 3 - 8 = 10條
方法二 15 - 8 + 3 = 10條

練習72
方法一 16 - 5 + 3 = 14個
方法二 16 + 3 - 5 = 14個

練習73
方法一 17 - 5 + 4 = 16塊
方法二 17 + 4 - 5 = 16塊

練習74
方法一 18 - 6 - 7 = 5條
方法二 18 - 7 - 6 = 5條

練習75
方法一 19 - 5 - 6 = 8串
方法二 19 - 6 - 5 = 8串

練習76
方法一 20 - 8 + 5 = 17隻
方法二 20 + 5 - 8 = 17隻

幼稚園數學看圖學加減法④

作　　者：何秋光

責任編輯：黃偲雅

美術設計：郭中文、徐嘉裕

出　　版：新雅文化事業有限公司

　　　　　香港英皇道 499 號北角工業大廈 18 樓

　　　　　電話：（852）2138 7998

　　　　　傳真：（852）2597 4003

　　　　　網址：http://www.sunya.com.hk

　　　　　電郵：marketing@sunya.com.hk

發　　行：香港聯合書刊物流有限公司

　　　　　香港荃灣德士古道220-248號荃灣工業中心16樓

　　　　　電話：（852）2150 2100

　　　　　傳真：（852）2407 3062

　　　　　電郵：info@suplogistics.com.hk

印　　刷：中華商務彩色印刷有限公司

　　　　　香港新界大埔汀麗路36號

版　　次：二○二四年七月初版

原書名：《何秋光思維訓練 · 學前數學準備系列：看圖學加減法遊戲④》

何秋光 著

中文繁體字版 ©《何秋光思維訓練 · 學前數學準備系列：看圖學加減法遊戲④》
由接力出版社有限公司正式授權出版發行，非經接力出版社有限公司書面同意，
不得以任何形式任意重印、轉載。

ISBN: 978-962-08-8433-7

Traditional Chinese Edition © 2024 Sun Ya Publications（HK）Ltd.

18/F, North Point Industrial Building, 499 King's Road, Hong Kong

Published in Hong Kong SAR, China

Printed in China